家居装修大图典 II

JIAJU ZHUANGXIU DA TUDIAN

随书附 1CD

本书编写组 编

海峡出版发行集团 | 福建科学技术出版社
THE STRAITS PUBLISHING & DISTRIBUTING GROUP | FUJIAN SCIENCE & TECHNOLOGY PUBLISHING HOUSE

CONTENTS 目录

JIAJU ZHUANGXIU
DA TUDIAN II

家居装修大图典II

BINFEN KETING
JIAJU ZHUANGXIU
DA TUDIAN II

米黄大理石

碎花壁纸

木纹大理石

艺术壁纸

仿古砖

深啡网纹大理石

仿古砖

文化砖

花纹壁纸

黑镜

茶镜

亚麻壁纸

造型石膏板

花纹壁纸

米黄大理石

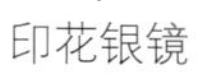

印花银镜

喷涂面漆

红樱桃木饰面板

皮革软包

大花白大理石

实木栅格

实木花格

釉面砖

米黄大理石

银镜

灰镜

透光板

黑镜

玻璃砖

仿古砖

黑檀木饰面板

大花白大理石

花纹壁纸

大花白大理石

亚麻壁纸

爵士白大理石

雕花石膏板

杉木金刚板

印花灰镜

仿古砖

米黄大理石

黑胡桃木饰面板

浮雕砂岩

花纹壁纸

实木栅格

仿古砖

深啡网纹大理石

米黄大理石

印花铂金壁纸

实木花格

印花银镜

洞石

皮纹砖

水曲柳饰面板

浅啡网纹大理石

文化砖

大花白大理石

车边银镜

花纹铂金壁纸

花纹壁纸

爵士白大理石

大花白大理石

枫木饰面板

浅啡网纹大理石

印花银镜

斑马木饰面板

玻璃硅

红橡木饰面板

红橡木饰面板

玻化砖

艺术玻璃

深啡网纹大理石

仿古砖

白橡木金刚板

印花银镜

木纹大理石

花纹壁纸

仿皮纹壁纸

绒面软包

透光板

米黄大理石

黑镜

壁纸

茶镜

大花白大理石

花纹壁纸

茶镜

斑马木饰面板

浮雕石膏板

大花白大理石

中花白大理石

米黄大理石

灰镜

镂空花格

马赛克

浅啡网纹大理石

米黄大理石

粉镜

仿古砖

大花白大理石

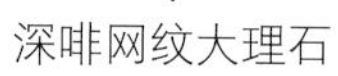

深啡网纹大理石

仿古砖

灰镜

釉面砖

钢化玻璃

短绒地毯

碎花壁纸

大花白大理石

艺术墙绘

玻化砖

车边银镜

黑胡桃木金刚板

玻化砖

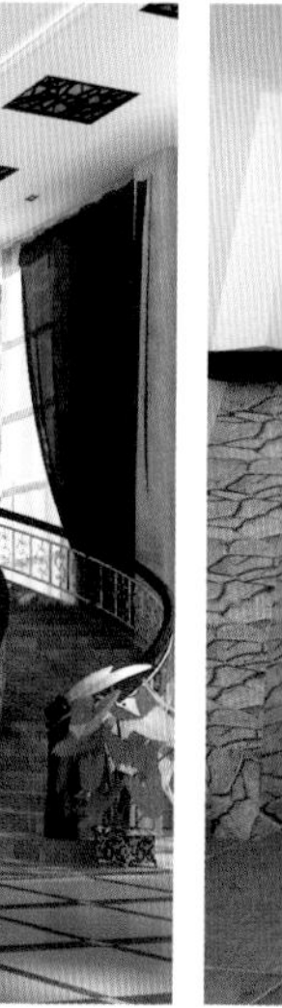

文化石

沙比利金刚板

中花白大理石

白橡木金刚板

仿古砖

砂岩

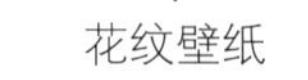

花纹壁纸

爵士白大理石

红樱桃木金刚板

车边银镜

玻化砖

爵士白大理石

爵士白大理石

米黄大理石

花纹壁纸

皮革软包

竹编面板

红樱桃木饰面板

大花白大理石

黑镜

米黄大理石

波浪板

白橡木饰面板

深啡网纹大理石

洞石

灰镜 釉面砖

艺术玻璃

玻化砖

印花灰镜

亚麻壁纸

玻化砖

灰镜

爵士白大理石

实木花格

流苏

杉木栅格

壁纸

亚麻壁纸

艺术玻璃

仿古砖

实木栏杆

木纹大理石

镂空花格

斑马木金刚板

大花白大理石

印花银镜

家居装修大图典II
唯美
客厅
WEIMEI KETING
JIAJU ZHUANGXIU
DA TUDIAN II

米色大理石

黑镜

仿古砖

白橡木金刚板

银镜

马赛克

花纹壁纸

浮雕砂岩

文化砖

玻化砖

印花银镜

茶镜

米黄大理石

乌石板

花纹壁纸

仿古砖

银镜

流苏

洞石

文化砖

仿古砖

花纹壁纸

仿古砖

浮雕砂岩

玻化砖

钢化玻璃

米黄大理石

黑镜

银镜

皮革软包

仿古砖

花纹壁纸

米黄大理石

车边银镜

花纹银镜

仿古砖

布艺软包

菱形车边银镜

花纹银镜

黑镜

文化砖

浮雕砂岩

米黄大理石

文化砖

爵士白大理石

花纹壁纸

银镜

米白大理石

灰镜

玻化砖

米黄大理石

文化砖

壁纸

米色大理石

浮雕砂岩

水晶珠帘

茶镜

玻化砖

米色大理石

米黄大理石

透光板

仿古砖

米黄大理石

米色大理石

玻化砖

文化砖

灰镜

玻化砖

浅啡网纹大理石

灰镜

印花壁纸

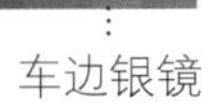

车边银镜

米色大理石

米黄大理石

乌石板

文化砖

文化砖

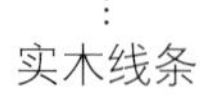

实木线条

中式花格

印花艺术玻璃

米黄大理石

文化石

玻璃砖

黑胡桃木饰面板

砂岩

茶镜

印花灰镜

爵士白大理石

洞石

沙比利饰面板

中式花格

水晶珠帘

玻化砖

透光板

冰裂玻璃

车边银镜

茶镜

艺术壁纸

浮雕砂岩

壁纸

米黄大理石

马赛克

玻化砖

斑马木饰面板

黑镜

花纹壁纸

玻化砖

米黄大理石

绿玻

珠帘

黑镜

白橡木金刚板

沙比利金刚板

米色大理石

纱帘

车边银镜

玻化砖

文化砖

实木线条

绒面软包

花纹砖

茶镜

艺术壁纸

大花白大理石

菱形车边银镜

沙比利金刚板

爵士白大理石

有色面漆

有色玻璃

实木栅格

仿古砖

印花银镜

米色大理石

茶镜

砂岩

艺术玻璃

茶镜

黑胡桃木饰面板

亚麻壁纸

银镜

黑胡桃木饰面板

仿古砖

爵士白大理石

深啡网纹大理石

仿旧木地板

白橡木金刚板

绒面软包

仿古砖

有色面漆

浅啡网纹大理石

浮雕砂岩

仿古砖

有色面漆

花纹石膏板

黑镜

家居装修大图典II

秀色餐厅

XIUSE CANTING
JIAJU ZHUANGXIU
DA TUDIAN II

钢化玻璃

仿古砖

花纹壁纸

条纹壁纸

印花玻璃

中式花格

仿古砖

花纹壁纸

刷白杉木板

马赛克

马赛克

仿古砖

玻化砖

马赛克

仿古砖

印花玻璃

花纹壁纸

玻化砖

造型石膏板

大花白大理石

仿古砖

水曲柳饰面板

实木隔断

有色面漆

玻化砖

车边银镜

仿古砖

镂空花格

银箔壁纸

仿古砖

车边茶镜

花纹壁纸

米黄大理石

有色面漆

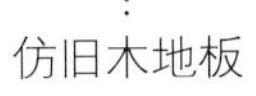

仿旧木地板

红砖

仿古砖

杉木板

大花白大理石

米色大理石

刷白杉木板

沙比利金刚板

黑胡桃木饰面板

印花黑镜

玻化砖

米黄大理石

车边茶镜

灰镜

玻化砖

玻化砖

银镜

仿古砖

刷白杉木板

马赛克

米黄大理石

银镜

菱形车边银镜

木纹大理石

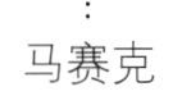

马赛克

浅啡网纹大理石

仿古砖

马赛克

沙比利饰面板

石膏板

米黄大理石

透光板

石膏板

米黄大理石

仿古砖

有色面漆

玻化砖

中式花格

银镜

浅啡网纹大理石

石膏板

仿古砖

菱形车边银镜

印花玻璃

石膏板

仿古砖

洞石

金箔壁纸

黑镜

玻化砖

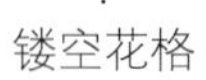

镂空花格

仿古砖

花纹壁纸

艺术玻璃

玻化砖

深啡网纹大理石

车边银镜

马赛克

花纹壁纸

菱形车边银镜

仿古砖

玻璃马赛克

仿古砖

中式花格

菱形车边银镜

玻化砖

流苏

米黄大理石

车边灰镜

仿古砖

马赛克

黑镜

黑镜

实木栅格

仿古砖

菱形车边银镜

大花白大理石

印花银镜

仿古砖

铁艺

车边灰镜

文化砖

仿古砖

米黄大理石

红镜

不锈钢边条

玻化砖

沙比利金刚板

印花玻璃

条纹壁纸

红樱桃木金刚板

花纹壁纸

仿古砖

镂空花格

白橡木饰面板

米色大理石

灰镜

艺术玻璃

菱形车边银镜

仿古砖

黑镜

玻化砖

花纹壁纸

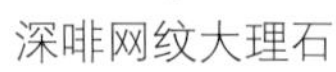

深啡网纹大理石

仿古砖

印花玻璃

文化石

木纹大理石

仿古砖

玻化砖

杉木板

镂空隔断

大花白大理石

大花白大理石

泰柚木饰面板

玻化砖

银镜

白橡木饰面板

花纹壁纸

红樱桃木金刚板

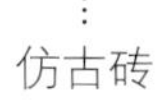

仿古砖

皮纹砖

红橡木饰面板

玻化砖

仿古砖

灰色大理石

印花玻璃

车边银镜

家居装修大图典II

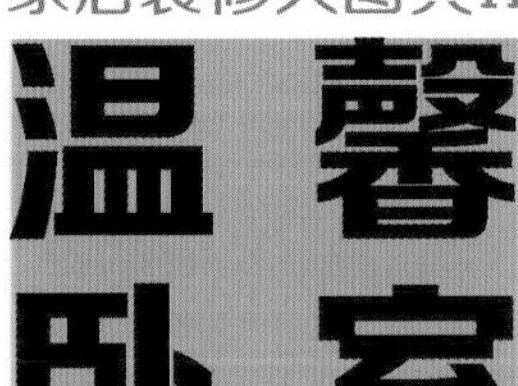

WENXIN WOSHI
JIAJU ZHUANGXIU
DA TUDIAN II

皮革软包

柚木金刚板

杉木板

菱形车边银镜

绒面软包

水曲柳金刚板

钢化玻璃

布艺软包

仿旧木地板

皮革软包

镂空花格

黑檀木金刚板

纱帘

仿古砖

条纹壁纸

有色面漆

皮革软包

白橡木金刚板

布艺软包

红橡木金刚板

水晶珠帘

花纹壁纸

红橡木金刚板

皮革软包

花纹壁纸

红樱桃木金刚板

石膏板

印花玻璃

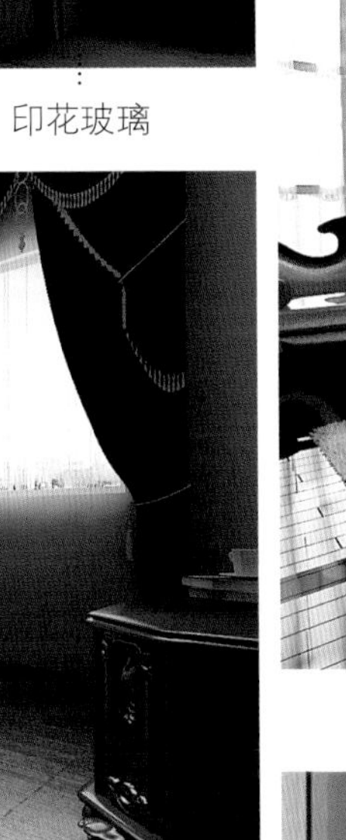

花纹壁纸

红樱桃木金刚板

实木地板

绒面软包

布艺软包

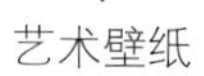

艺术壁纸

金箔壁纸

皮革软包

沙比利金刚板

绒面软包

红檀木金刚板

白檀木金刚板

皮革软包

壁纸

条纹壁纸

红樱桃木饰面板

绒面软包

艺术壁纸

红橡木金刚板

皮革软包

亚麻壁纸

皮革软包

黑胡桃木饰面板

红樱桃木饰面板

花纹壁纸

有色面漆

壁纸

布艺软包

有色面漆

竖纹壁纸

柚木金刚板

艺术壁纸

仿旧木地板

皮革软包

沙比利金刚板

银镜

黑胡桃木金刚板

杉木金刚板

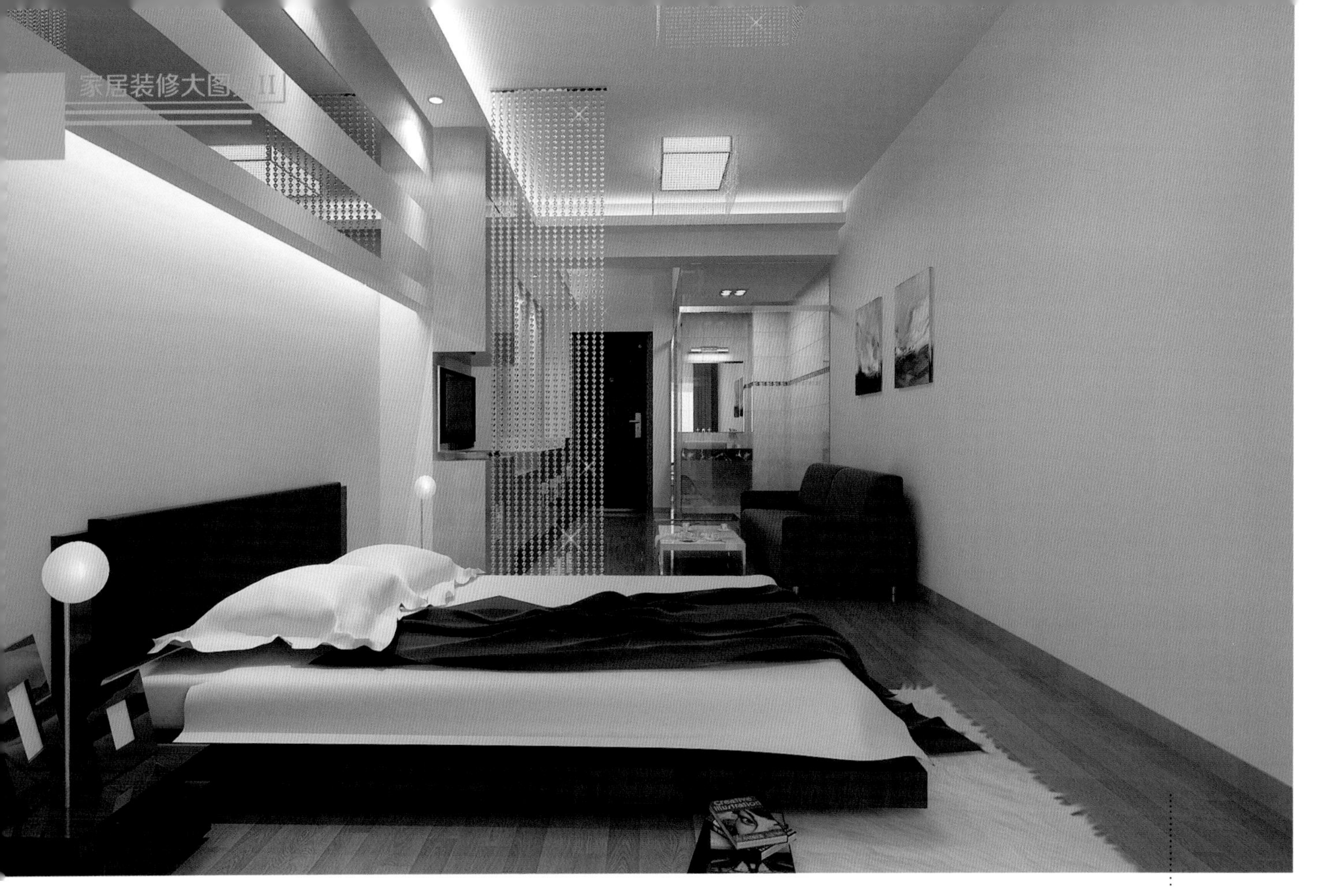

水曲柳金刚板

银镜

布艺软包

水晶珠帘

马赛克

茶镜

皮革软包

白橡木金刚板

白橡木金刚板

布艺软包

灰镜

镂空花格

米黄大理石

皮革软包

有色面漆

碎花壁纸

花纹壁纸

印花银镜

仿旧木地板

艺术壁纸

绒面软包

皮革软包

红樱桃木金刚板

实木花格

壁纸

皮革软包

条纹磨砂玻璃

黑胡桃木金刚板

沙比利金刚板

沙比利金刚板

花纹壁纸

皮革软包

沙比利饰面板

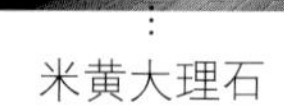

皮革软包

米黄大理石

艺术壁纸

白橡木金刚板

条纹壁纸

灰镜

水晶珠帘

银镜

杉木板

花纹壁纸

银箔壁纸

白橡木金刚板

绒面软包

花纹壁纸

钢化玻璃

镂空花格

沙比利金刚板

黑镜

红橡木金刚板

镂空花格屏风

印花壁纸

印花灰镜

皮革软包

皮革软包

水晶珠帘

花纹壁纸

白橡木金刚板

皮革软包

花纹壁纸

红橡木金刚板

皮革软包

有色面漆

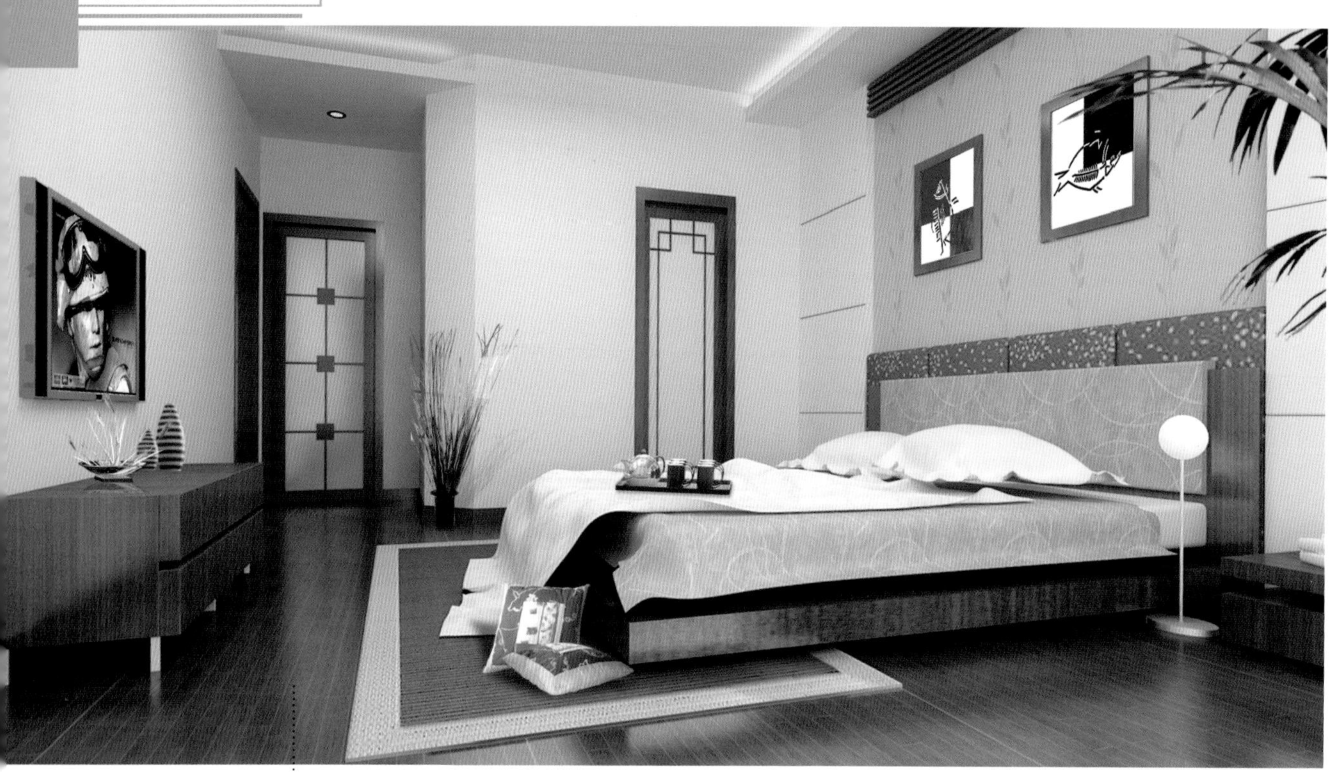

胡桃木金刚板

灰镜

绒面软包

黑镜

皮革软包

水晶珠帘

银箔壁纸

绒面软包

红橡木金刚板

花纹壁纸

水曲柳金刚板

豹纹壁纸

灰镜

仿旧木地板

皮革软包

沙比利金刚板

绒面软包

钢化玻璃

磨砂玻璃

沙比利金刚板

泰柚木金刚板

绒面软包

黑胡桃木金刚板

壁纸

布艺软包

白橡木金刚板

黑镜

白橡木金刚板

红樱桃木金刚板

花纹壁纸

皮革软包

水曲柳金刚板

沙比利金刚板

菱形车边灰镜

沙比利金刚板

皮革软包

有色面漆

红樱桃木金刚板

家居装修大图典II

书房\玄关\卫生间

SHUFANG/XUANGUAN/
WEISHENGJIAN
JIAJU ZHUANGXIU
DA TUDIAN II

银镜

木纹大理石

马赛克

雕花银镜

米黄大理石

红檀木金刚板

银镜

木纹大理石

水曲柳金刚板

仿古砖

浮雕砂岩

马赛克

玻化砖

流苏

中式花格

艺术墙绘

水晶珠帘

大花白大理石

大花白大理石

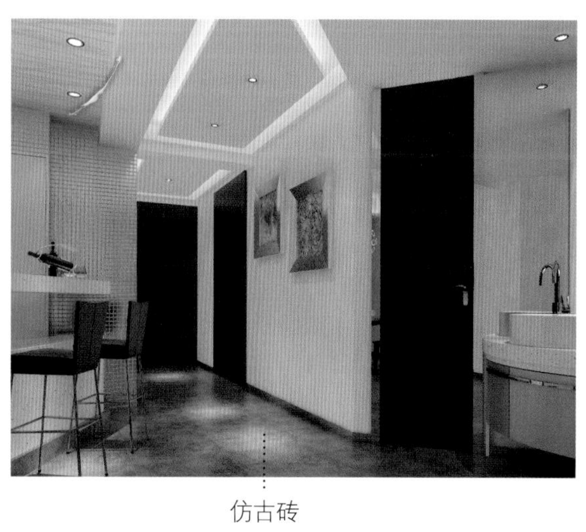

仿古砖

镂空花格

皮革软包

杉木板

不锈钢饰边条

水曲柳饰面板

流苏

文化砖

钢化玻璃

白橡木金刚板

银镜

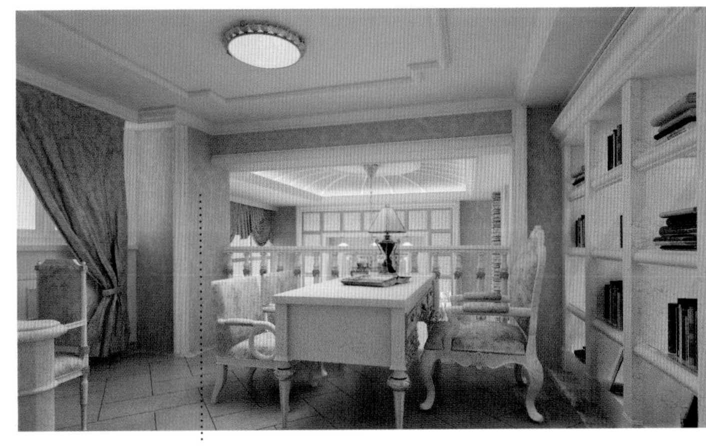

花纹壁纸

造型石膏线条

大花白大理石

玻化砖

印花玻璃

银镜

浮雕砂岩

马赛克

红檀木金刚板

水晶珠帘

红砖

马赛克

实木格栅

石膏板

流苏

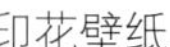

印花壁纸

亚麻壁纸

印花玻璃

有色面漆

壁纸

仿古砖

钢化玻璃

红色面漆

中式花格

黑胡桃木金刚板

白橡木饰面板

花纹壁纸

文化石

米黄大理石

拉槽大理石

亚麻壁纸

拉槽大理石

仿皮纹壁纸

文化石

短绒地毯

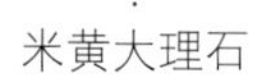

米黄大理石

马赛克

深啡网纹大理石

橡木金刚板

铁艺

仿古砖

米黄大理石

红樱桃木金刚板

玻化砖

沙比利金刚板

浅啡网纹大理石

米黄大理石

沙比利金刚板

仿古砖

玻化砖

水曲柳金刚板

文化砖

玻化砖

黑胡桃木金刚板

中式屏风

浮雕砂岩

浅啡网纹大理石

红樱桃木饰面板

文化砖

米黄大理石

亚麻壁纸

印花黑镜

红橡木金刚板

黑胡桃木金刚板

沙比利金刚板

红橡木金刚板

黑檀木金刚板

胡桃木饰面板

红橡木金刚板

仿古砖

红樱桃木金刚板

深啡网纹大理石

印花茶镜

胡桃木饰面板

沙比利金刚板

浅啡网纹大理石

黑胡桃木金刚板

银镜

亚麻壁纸

红樱桃木金刚板

布艺软包

仿古砖

仿古砖

花纹壁纸

流苏

防腐木

壁纸

仿古砖

玻化砖

乌黑大理石

印花银镜

绒面软包

大花白大理石

白橡木金刚板

仿古砖

文化石

沙比利饰面板

有色面漆

印花银镜

白橡木饰面板

仿古砖

白橡木饰面板

花纹壁纸

红樱桃木饰面板

黑胡桃木金刚板

仿旧木地板

白橡木饰面板

白橡木金刚板

红樱桃木金刚板

白橡木饰面板

玻化砖

红橡木金刚板

绒面软包

白橡木金刚板

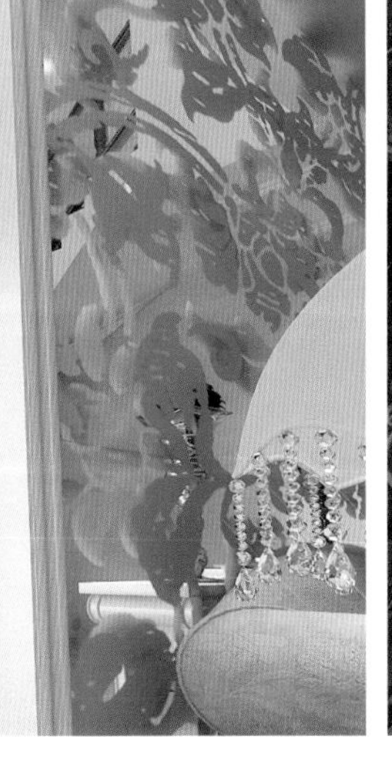

车边银镜

马赛克

银箔壁纸

玻化砖

黑胡桃木金刚板

浅啡网纹大理石

红樱桃木金刚板

米黄大理石

釉面砖

中式屏风

刷白红砖

浅啡网纹大理石

米黄大理石

仿古砖

黑胡桃木饰面板

杉木板

镂空花格

黑胡桃木金刚板

浅啡网纹大理石

沙比利金刚板

白橡木金刚板

图书在版编目（CIP）数据

家居装修大图典. 2 /《家居装修大图典》编写组编. —福州：福建科学技术出版社，2014. 4

ISBN 978-7-5335-4523-9

Ⅰ. ①家… Ⅱ. ①家… Ⅲ. ①住宅－室内装修－建筑设计－图集 Ⅳ. ①TU767-64

中国版本图书馆CIP数据核字（2014）第040180号

书　　名 家居装修大图典Ⅱ

编　　者 本书编写组

出版发行 海峡出版发行集团
福建科学技术出版社

社　　址 福州市东水路76号（邮编350001）

网　　址 www.fjstp.com

经　　销 福建新华发行（集团）有限责任公司

印　　刷 福州德安彩色印刷有限公司

开　　本 889毫米×1194毫米　1/16

印　　张 10

图　　文 160码

版　　次 2014年4月第1版

印　　次 2014年4月第1次印刷

书　　号 ISBN 978-7-5335-4523-9

定　　价 39.80元